VERGLEICHENDE LEITFÄHIGKEITS-MESSUNGEN AN NARKOTISIERTEN MUSKEL- UND BINDEGEWEBS-MEMBRANEN

INAUGURAL-DISSERTATION

ZUR

ERLANGUNG DER DOKTORWÜRDE

IN DER

MEDIZIN, CHIRURGIE UND GEBURTSHILFE

DER

HOHEN MEDIZINISCHEN FAKULTÄT

DER

GEORG AUGUST-UNIVERSITÄT ZU GÖTTINGEN

VORGELEGT

VON

PAUL SCHULZE

AUS KROTOSCHIN

Springer-Verlag Berlin Heidelberg GmbH 1920

Der medizinischen Fakultät der Universität Göttingen
vorgelegt am 25. November 1919

Referent: Prof. Dr. Loewe
Korreferent: Prof. Dr. Heubner

Die Drucklegung ist seitens der Fakultät genehmigt.

ISBN 978-3-662-42241-0 ISBN 978-3-662-42510-7 (eBook)
DOI 10.1007/978-3-662-42510-7

Von besonderer Wichtigkeit für eine physikalisch-chemische Theorie der Narkose sind die Schichten der Zelle, durch die hindurch der Stoffwechsel, die Aufnahme von Nahrungsstoffen und die Abgabe der Stoffwechselprodukte, der Austausch von Ionen, die Wanderung von Wasser und gelösten Stoffen, der Ausgleich von Potentialdifferenzen stattfindet. Denn es liegt seit langem nahe, an diesen Grenzschichten — und unter Grenzschichten der Zelle braucht man sich dabei [vgl. Loewe[1])] keine differenzierten Zellmembranen vorzustellen, sondern hat hier jede Zwischenschicht zwischen einem Außen und Innen einzubegreifen — auch den Angriffspunkt der narkotisch wirksamen Substanzen zu suchen. Für Betrachtungen über den Wirkungsmechanismus der Narkotika darf man sich diese jeweils wechselnden Stätten des Zellprotoplasmas als Membran in physikalisch-chemischem Sinne vorstellen, denn ihnen kommen sicherlich die zwei Eigenschaften zu, die nach der Definition des Membranbegriffs durch Loewe[1]) notwendig vorhanden sein müssen an Gebilden, die man als Membran bezeichnen will: 1. bestimmte Form, die gegeben ist durch die Anordnung als Grenzsystem zwischen zwei jederseits anschließenden Nachbarsystemen, und 2. Mehrphasigkeit, Mikroheterogenität in sich selbst. Ermitt-

---
[1]) Biochem. Zeitschr. **57**, 161. 1913 „Membran und Narkose".

lungen über Membranfunktionen und deren Änderungen unter Einwirkung äußerer Einflüsse haben also stets Bedeutung auch für die Funktion und Funktionsänderung dieser lebenden Zell-„membranen".

Als wesentliche Funktion dieser Membranen wird man gemäß der Definition derselben ihren Einfluß auf die Diffusion von Wasser und gelösten Substanzen durch sie hindurch ansehen dürfen.

Gerade für die physikalisch-chemische Theorie der Narkose ist es daher von großem Interesse, die Diffusionsverhältnisse in den Zellmembranen, ihre Permeabilität für Ionen und die Änderung derselben unter dem Einfluß narkotisierender Substanzen durch Versuche möglichst zu klären.

Die Versuche, die der möglichst genauen Kenntnis der Permeabilitätsänderung in der Narkose dienten, haben die Mehrzahl der Forscher zu der Annahme einer Permeabilitätsherabsetzung durch reversibel, einer Permeabilitätssteigerung durch toxisch, d. h. irreversibel wirkende Narkoticumkonzentrationen geführt und dabei im wesentlichen folgende drei Wege eingeschlagen:

1. Bei der Schwierigkeit, das eigentliche Objekt der Versuche, die isolierte, einzelne Zelle selbst zu fassen und die Permeabilität ihrer Membrangebilde zu untersuchen, beschränkt man sich auf Versuchsmodelle, die Struktur und Funktion der lebenden Zellen, soweit sie bekannt sind, möglichst naturgetreu nachahmen und die Wirkung der verschiedenen äußeren, nach der Willkür des Untersuchers zur Wirksamkeit gelangenden Einflüsse, hier also der Narkotica, sowie auch deren engeren Angriffspunkt in dem Komplexe der Membranbestandteile, technisch leichter feststellen lassen. In dieser Absicht wurden von Loewe[1]) Messungen der Leitfähigkeitsänderung an künstlichen Lipoidmembranen unter dem Einfluß verschiedener Narkotica ausgeführt und eine Leitfähigkeitsverminderung festgestellt.

Gegen diese Versuchsanordnung ist einzuwenden, daß es sich bei ihr sicherlich um nichts weniger als eine vollkommene Nachahmung der Verhältnisse an biologischen Membranen handelt.

II. Als Versuchsobjekt dienen einzelne isolierte Zellen, soweit man sie als besonders günstige Objekte sich wirklich gut zugänglich machen kann.

So fand Lepeschkin[2]), daß lebende Spirogyrazellen in Äthernarkose das in Äther unlösliche Methylgrün oder Methylenblau schlechter in sich aufnehmen und speichern als ohne Narkose, während ein Versuch mit in Äther löslichem Bismarckbraun unter denselben Versuchsbedingungen keinen Unterschied zwischen der Färbbarkeit der narkotisierten und der nicht narkotisierten Zellen erkennen ließ. Hierin sah er eine Bestätigung

---

[1]) l. c. S. 1.
[2]) Lepeschkin, Ber. d. dtsch. bot. Gesellschaft 29. 1911.

seiner Ansicht, daß die Narkotica in schwacher Konzentration, die nicht durch Koagulation der in dem Dispersionsmittel der Plasmahautkolloide enthaltenen Eiweißstoffe den Dispersitätsgrad herabsetzt, die Durchgängigkeit der Plasmahaut für in Wasser gut, in den Narkoticis schlecht lösliche Farbstoffe herabsetzen.

Ebenso stellte er fest[1]), daß die Blattepidermiszellen von Tradescantia discolor unter dem Einfluß von 0,05 bis 0,12 proz. Chloroformwasser oder 1—2$^1/_2$ proz. Ätherwasser eine Verminderung der Permeabilität für Salpeter zeigen, während höhere Konzentrationen des Chloroformwassers eine Erhöhung der Permeabilität für den gleichen Elektrolyten bewirkten.

Joël[2]) benutzte gleichfalls eine Methode, mit der die Durchlässigkeit von Membranbestandteilen der Zelle selbst geprüft werden kann: er fand eine Verzögerung des Eintritts der Hämolyse durch schwach hypotonische Rohrzuckerlösung unter der Einwirkung schwacher Narkoticumkonzentrationen, während starke selbst Hämolyse bewirkten.

Auch Mac Clendon[3]) benutzte eine Versuchsanordnung, deren Objekt in einzelnen Zellen bestand. Er fand, daß Funduluseier, die für gewöhnlich für Salze und Wasser völlig undurchlässig sind, so daß sie in destilliertem Wasser sich nicht verändern, in schwach giftigen $^n/_{10}$-Nitratlösungen die in ihnen enthaltenen Chloride rasch austreten lassen, daß aber Narkotica, in geeigneten, schwachen Konzentrationen zugesetzt, diese Permeabilitätssteigerung durch Nitratlösungen verringern, während höhere Narkoticumkonzentrationen für sich ebenso wirken wie die giftigen Nitratlösungen ohne Narkoticumzusatz.

Dieser zweite Weg läßt die besten Resultate erwarten, da er die einzelne Zelle, das eigentliche Versuchsobjekt, zu fassen gestattet. Trotzdem lassen sich auch gegen ihn Einwände erheben: statt des Einflusses der Narkotica auf die Diffusion normaler Stoffwechselprodukte wird ihr Einfluß auf die Diffusionsverhältnisse von gänzlich zellfremden Farbstofflösungen untersucht. Statt lebender Zellen sind abgestorbene rote Blutkörperchen das Versuchsobjekt. Statt tierischer Zellen werden einseitig differenzierte Pflanzenzellen untersucht. Gegen jede dieser Versuchsanordnungen gleichmäßig erhebt sich der Einwand, daß es sich bei keiner um die undifferenzierte Idealzelle handelt, von der aus ohne Bedenken verallgemeinert werden könnte, noch auch um die in der interessantesten Richtung differenzierten tierischen Zellen, an welchen beim höheren Tier der Angriffspunkt des wichtigsten Narkosephänomens zu suchen ist, nämlich um Nervenzellen. Gelänge es aber auch, gerade Zellen aus dem Verbande des Zellenstaates des Mehrzellers isoliert zu fassen, so träfe gerade dann der weitere Einwand zu, daß die untersuchten Zellen während der ganzen Versuchsdauer aus ihrem natürlichen Zusammenhang mit anderen Zellen herausgerissen sind. Diese letzte Schwierigkeit wird bei der dritten Versuchsanordnung vermieden.

---

[1]) Lepeschkin, Ber. d. dtsch. bot. Gesellschaft **29**. 1911.
[2]) Joël, Arch. f. d. ges. Physiol. **161**. 1915.
[3]) Mac Clendon, Amer. journ. of physiol. **38**. 1915.

III. Die Versuche werden an Zellen vorgenommen, die in natürlichem Zusammenhang mit ihren Nachbarzellen gelassen sind, also an Geweben.

Dieser Versuchsanordnung bediente sich vor allem Winterstein[1]). Er untersuchte die Durchgängigkeit von Muskelplatten für Salze und Wasser und ihre Veränderung unter dem Einfluß narkotisierender Substanzen und stellte gleichfalls eine Permeabilitätsverminderung durch reversibel narkotisch wirkende Konzentrationen fest.

Es ist in der Tat vollkommen einwandfrei, Versuchsergebnisse, die zunächst an komplexen Gesamtgeweben gewonnen sind, auf die Parenchymzellen, die Träger der Hauptfunktion dieser Gewebe, zu beziehen, sobald sichergestellt ist, daß der Einfluß des Bindegewebsanteiles der untersuchten Gewebsstücke, des Interstitiums, auf die Versuchsergebnisse vernachlässigt werden darf. Aufgabe dieser Arbeit ist es, zu prüfen, mit welchem Rechte dies geschehen darf.

Bei Versuchen, welche die Permeabilitätsänderung in ihrer Gesamtheit, als „Membranen" verwendeter Organstücke, etwa unter dem Einfluß eines Narkoticums, prüfen und daraus Schlüsse ziehen wollen auf die Änderung der Durchlässigkeit ihres Parenchyms, sind folgende Überlegungen anzustellen:

Ein solches Objekt ist schon in seinem mikroskopischen Bau heterogen im Gegensatz zu einem einheitlichen Membranmaterial, das erst in kolloider Größenordnung seine Mikroheterogenität aufweist. Daher ist es zweckmäßig, sich bei den Erwägungen zunächst einmal auf einen einzelnen Querschnitt der Permeationsbahn zu beschränken, um die Betrachtung nicht ins Ungemessene zu komplizieren. Das ist erlaubt, weil ja auch an dem Objekt selbst gewisse Querschnitte, freilich in häufiger Wiederholung, die Stätten besonderer Erschwerung der Permeation bedeuten. Zu einer weiteren Vereinfachung des Objektes gelangt man folgendermaßen: man stelle sich dasselbe, ohne Rücksicht auf die unendliche Vielgestaltigkeit seiner Einzelheiten, an dem ins Auge gefaßten Querschnitt nur als aus zwei Materialien zusammengesetzt vor: aus Parenchyminseln, die ihrerseits aus einem einheitlichen Material bestehen sollen, und aus ebenfalls in sich gleichmäßig gedachtem Interstitialmaterial, mit welchem jene Parenchyminseln regelmäßig abwechseln sollen. Dann ergeben sich einfach aus dem Massenverhältnis von Parenchym und Interstitium folgende drei Möglichkeiten (vgl. Abb. 1—3).

Den Stoffen, welche die Membran permeieren, bei Leitfähigkeitsmessungen also den Ionen, stehen zur Wanderung durch Muskelzellmembranen entsprechend dem anatomischen Bau derselben im wesentlichen drei Wege zur Verfügung: Entweder sie wandern direkt durch die Muskelfasern, das Parenchym; das interstitielle Gewebe kommt wegen seiner geringen Ausbildung nicht als Weg für sie in Betracht, wie in Abb. 1. Oder gerade umgekehrt: Die Mehrzahl oder sämtliche Ionen wandern durch das interstitielle Gewebe; die Parenchymzellen stehen nur als der Masse nach unbedeutende

[1]) Winterstein, Die Narkose, 1911 u. Biochem. Zeitschr. **75**. 1919.

Querschnittsanteile, also als sehr kleine und seltene Inseln in der Strombahn, wie in Abb. 2. In extremen Fällen, etwa bei der Aufschwemmung von AgCl in einem Elektrolyten, sind diese Inseln völlig bedeutungslos. Oder drittens: Parenchymzellen und interstitielles Gewebe sind in gleichem Massenverhältnis vorhanden, wie in Abb. 3. Ein vierter Fall, daß nämlich gerade ein Blut- oder Lymphgefäß in dem von den Ionen durchwanderten Bezirk der Muskelmembran in der Wanderungsrichtung der Ionen verläuft, ist nicht berücksichtigt, da solche Verhältnisse die Wanderungsgeschwindigkeit der Ionen je nach der Gestaltung der verschiedenen Bedingungen, z. B. schon je nach dem zufälligen Kontraktions- und Füllungszustand des Gefäßes, ganz atypisch beeinflussen würden. Der Einfluß endlich, den die Gewebsschichten des Peritoneums und der Gelenkkapsel- und Lymphraumauskleidung, welche bei den für diese Arbeit untersuchten Versuchsobjekten in Betracht kommen, auf die Ionenpermeabilität ausüben, kann hier vernachlässigt werden, da er in gleichem Maße die Parenchymzellen und das Interstitialgewebe, m. a. W. nicht den hier ins Auge gefaßten, speziellen Querschnitt betrifft.

Wie die Strombahnen — wir wollen uns zur weiteren Vereinfachung der Erörterung gleich auf die Betrachtung der Ionenpermeabilität, also der elektrolytischen Leitfähigkeit unseres Objektes beschränken — durch diesen Querschnitt verlaufen, hängt nun aber außer von dem in den Abb. 1—3 allein berücksichtigten Massenverhältnis zwischen Parenchymzellen und Interstitialgewebe auch von der „spezifischen Leitfähigkeit" beider Materialien ab.

Um überhaupt zu einigermaßen fruchtbaren Überlegungen kommen zu können, müssen wir ferner noch von einer weiteren großen Zahl von Komplikationsmöglichkeiten absehen. Zunächst von den Polarisationseinflüssen, die unter der Einwirkung des Narkoticums auftreten dürften. Ferner von den etwa auftretenden Veränderungen im Verhältnis der Beteiligung beider Komponenten des Membranmaterials am Gesamtquerschnitt, wenn etwa die Narkose in der allereinfachsten Weise als Adsorptionsvorgang, also als eine Vermehrung der schlecht permeablen Anteile der Membran am Gesamtquerschnitt sich erweisen sollte. Wir wollen nur einmal den Fall betrachten, daß bei gleichbleibendem Querschnittsanteil beider Komponenten die Durchlässigkeit derselben für Ionen, also ihre spezifische Leitfähigkeit quantitativ verändert wird.

Dann können wir die über den Querschnitt verteilten Parenchyminseln in ihrer Wirkung auf die Ionenpermeabilität der Membran gleichsetzen einem zusammenhängenden, aus demselben Material gebildeten, in sich gleichartigen Querschnittsanteil. Wir können also alle drei obigen schematischen Figuren ableiten aus der folgenden einfacheren Abb. 4.

An dem Querschnitt Q herrschen dann folgende Leitfähigkeitsverhältnisse, wenn wir die Leitfähigkeit des Gesamtquerschnitts als L, die spezifischen Leitfähigkeiten als λ_p und λ_i bezeichnen, und wenn wir ferner die Länge der beiden leitenden Schichten l_p und l_i vernachlässigen, indem wir sie zunächst gleichsetzen, dann aber als konstant aus der Gleichung fortlassen.

Neben dieser Voraussetzung
$$l_p = l_i = \text{const.}$$
soll, wie oben bereits erörtert, nicht nur
$$q_p + q_i = \text{const.;}$$
sondern zunächst auch $q_p = \text{const.}$ und $q_i = \text{const.}$ gelten.

Dann gilt zunächst:
$$L = \lambda_p \cdot q_p + \lambda_i \cdot q_i. \tag{1}$$

Die unter dem Einfluß des Narkoticums zustandekommende, der Messung unter den oben erwähnten Vorbehalten und unter Berücksichtigung der oben angeführten Vereinfachungen zugängliche Veränderung von L wäre dann:
$$\Delta L = q_p \cdot \Delta\lambda_p + q_i \Delta\lambda_i. \tag{2}$$

Der Anteil, den $\Delta\lambda_p$, der Einfluß des Narkoticums auf die spezifische Leitfähigkeit des Parenchyms, d. h. also die der näheren Untersuchung unterzogene Zellnarkose, an dem Messungsresultat hat, ist um so größer, je kleiner q_i oder auch $\Delta\lambda_i$ ist.

Nehmen wir den allgemeinsten Fall I, daß
$$\lambda_p = n \cdot \lambda_i,$$
so wird
$$\Delta L_I = \Delta\lambda_i (n \cdot q_p + q_i). \tag{I}$$

Im einfachsten Falle II, wenn nämlich
$$\lambda_p = \lambda_i,$$
ist
$$\Delta L_{II} = \Delta\lambda_i (q_p + q_i). \tag{II}$$

Beide Fälle unterscheiden sich, vorausgesetzt, daß es sich jedesmal um dasselbe Interstitialmaterial handelt, um
$$\Delta L_I - \Delta L_{II} = \Delta\lambda_i (n \cdot q_p + q_i - q_p - q_i) = (n-1) q_p \cdot \Delta\lambda_i.$$

Bei der Voraussetzung, daß I stets aus dem gleichen Material besteht, ist auch λ_i und damit zugleich $\Delta\lambda_i$ unter dem gleichen Narkoticumeinfluß stets unveränderlich, kann also als K, als konstant in die Gleichung eingesetzt werden, so daß diese nunmehr lautet:
$$\Delta L_I - \Delta L_{II} = K \cdot q_p (n-1). \tag{3}$$

Dies bedeutet also zunächst, daß sich jeder Fall einer besondersartigen Beteiligung des Parenchyms an dem Vorgang der Narkose des ganzen Gewebes von dem Falle II, in welchem das Parenchym keinen Unterschied gegenüber dem Interstitialgewebe hinsichtlich seiner Beeinflussung durch das Narkoticum bei der Gewebsnarkose aufweist, — denn wenn $\lambda_p = \lambda_i$, darf auch $\Delta\lambda_p = \Delta\lambda_i$ angenommen werden, — dadurch unterscheidet, daß die Querschnittsbeteiligung von P maßgeblich ist für die Größe dieses Unterschiedes.

Stellen wir die ganzen Betrachtungen für die Querschnittseinheit der Gesamtmembran an, bei der also
$$q_p + q_i = 1,$$

dann wird jede Vergrößerung des Querschnittsanteils von I über $q_i = 0$ hinaus den Einfluß von n herabsetzen gegenüber dem technisch bequemsten Fall, in dem $q_p = 1$ ist. Größer als 1 kann es ja nach der Voraussetzung
$$q_p + q_i = \text{const.}$$
nicht werden[1]).

Dieser günstigste Einzelfall kann, wie oben erwähnt, nie verwirklicht sein, außer wenn es gelingt, eine einzelne Zelle als Objekt zwischen die Elektroden zu bekommen. Gerade das ist aber von jedem vernachlässigt, der mit Geweben dasselbe erreichen zu können glaubt. Selbst wenn wir aber diese vereinfachende Annahme $q_i = 0$ machen, dann wird
$$\varDelta L_I - \varDelta L_{II} = K \cdot (n-1),$$
es ergibt sich also dann immer noch, daß die Größe n zu beachten ist.

Diese Überlegungen bestätigen die von vornherein sicher stehende Tatsache, daß in dem denkbar uninteressantesten Versuchsfall, in dem beide Membranen nur aus Interstitialgeweben bestehen, gleiche Beschaffenheit des Membranmaterials und gleichen Querschnitt der untersuchten Flächen vorausgesetzt, unter dem Einfluß desselben Narkoticums diese zwei Membranen dieselbe Änderung der Leitfähigkeit ergeben werden, ein Ergebnis, das auch erhalten wird, wenn man in Gleichung (3)... $n = 1$ setzt.

Gering ist der Unterschied des Falles I gegenüber dem Falle II, wenn $n < 1$, d. h. in allen Fällen, in denen sich das Parenchym nur in geringerem Maße an der Gesamtleitfähigkeit, also auch an Änderungen derselben beteiligen kann als das Interstitialgewebe. Nur wenn $n > 1$, beginnt das Ergebnis solcher Messungen an ganzen komplexen Geweben für die Frage nach dem Narkoticumeinfluß auf die parenchymatösen, funktionell wichtigen Membrananteile interessant zu werden.

Es ergibt sich also auf dem Umwege über die vorstehenden Betrachtungen, daß die Zahl n erstens möglichst genau bekannt und zweitens größer als 1 sein muß, wenn man aus den Versuchsergebnissen an Gewebsmembranen auf die Beeinflussung ihrer parenchymatösen, cellulären Bestandteile schließen will. Diese Voraussetzung macht jeder, der Resultate, die an bindegewebsdurchsetzten Organmembranen gewonnen wurden, auf deren Parenchym bezieht. Aber er macht, wie hier gezeigt ist, damit auch einen wichtigen Anteil dessen, was erst zu beweisen wäre, zur Voraussetzung.

Aus diesen Überlegungen heraus wurde als Ziel gesetzt, Organmembranen verschiedenen Parenchymgehalts miteinander zu vergleichen und zu prüfen, inwieweit gemäß dem wechselnden Anteil des Parenchyms an der Gesamtmasse bzw. am

---

[1]) Ist umgekehrt in
$$q_p + q_i = 1$$
$$q_i = 1, \text{ also } q_p = 0,$$
dann folgt aus Gleichung (3)
$$\varDelta L_I - \varDelta L_{II} = K \cdot (n-1) \cdot 0,$$
$$\varDelta L_I = \varDelta L_{II}.$$

Gesamtquerschnitt etwa Verschiedenheiten in der Beeinflußbarkeit solcher Gewebsstücke durch Narkotica zur Beobachtung kommen.

Zwar gibt es keine geeigneten und völlig zuverlässigen Anhaltspunkte zur Feststellung der oben erörterten Größe n für die verschiedenen Gewebe des Körpers, es wurde aber nach dem Vorgang Wintersteins von der Annahme hohen Parenchymgehalts der Froschmuskeln ausgegangen und Membranen aus solchen verglichen mit Membranen aus einem Gewebe, das praktisch nur als aus Bindegewebe und elastischen Fasern bestehend angesehen werden kann. Diese Membranen wurden dem Ligamentum patellae und der in dieses übergehenden Ansatzsehne des Musculus rectus femoris des Frosches entnommen. Als Muskelmembranen, bei denen der Parenchymanteil stark überwiegen soll, wurden kleine Stückchen aus den zartesten Teilen des Musculus transversus abdominis von Temporarien oder Esculenten verwandt. Endlich wurden noch Stückchen aus dem Musculus rectus abdominis von Fröschen im Zusammenhang mit der ventralen und dorsalen Aponeurose untersucht, ein Objekt, an dessen Zusammensetzung sich Parenchym und Interstitium hintereinandergeschaltet beteiligen. Die Verteilungsverhältnisse zwischen Parenchym und Interstitium entsprechen bei dem zuerst angeführten Versuchsobjekt annähernd den Verhältnissen der Abb. 2, bei dem zweiten annähernd der Abb. 1, bei dem dritten etwa der Abb. 3.

Als Methode zur Prüfung der Permeabilitätsänderung dieser Gebilde wurde die Leitfähigkeitsmessung in der auch von Loewe benutzten Anordnung gewählt. Zur Begründung dieser Wahl sei folgendes angeführt:

Bei genauer Betrachtung wird auch in der Wintersteinschen Versuchsanordnung nicht mit ganz physiologischen und eindeutigen Verhältnissen gearbeitet. Es wird einerseits die Quellung in destilliertem Wasser, andererseits die Durchlässigkeit solcher gequollenen Membranen für Wasser und Salze untersucht. Gerade die Hineinziehung des Quellungszustandes schafft eine neue und, insoweit er durch die Versuchsbedingungen wechselt, unnötige Verwicklung. Bei allen Permeabilitätsvorgängen durch Membranen handelt es sich zunächst einmal um die Beweglichkeit des Lösungsmittels an den verschiedenen Stellen des mikroheterogenen Systems. Dieses selbst an verschiedenen Stellen verschieden bewegliche Material bildet dann die Schiene, auf der die wiederum wechselnd bewegliche Fülle der gelösten Stoffe permeiert. Bei der Frage der Beweglichkeit des Lösungsmittels einzusetzen, hat also alle Berechtigung der radikaleren Problemstellung. Aber man muß dann auch mit Beweglichkeitsbedingungen arbeiten, wie sie am physiologischen Substrat vorliegen. In einem unphysiologischen Quellungszustand befindliche Membranen wählen, deren Lösungsmittel also eine abnorme Beweglichkeit besitzt, heißt, sich von der Ausgangsposition entfernen. Und darum sind die Bedenken gegenüber dieser Wahl der Versuchsanordnung nicht geringer als gegenüber einer solchen, die bewußt nur die Beweglichkeit eines der sekundär wandernden Stoffe ins Auge faßt. Nimmt man als solchen einen Farbstoff, wie z. B. Lepeschkin, so entfernt man sich freilich mit diesen unphysiologischen Wanderungsstoffen gleichfalls unnötig von den physiologischen Verhältnissen. Aber die Ionendurchlässigkeit der Membranen zu wählen, die bei dieser Arbeit allein in Betracht gezogen wurde, erscheint nach alledem immerhin als eine angemessene Beschränkung.

Eine andere, für unsere Versuchsanordnung wichtige Frage ist von Gildemeister eingehend untersucht worden, ob nämlich mit der Kohlrauschschen Leitfähigkeitsmethode nun eigentlich der Widerstand, die Selbstinduktion oder die Polarisation der untersuchten Membranen und deren Änderung bei Änderung der Zusammensetzung des Mediums gemessen wird[1]).

Die Resultate Gildemeisters sind entscheidend für die Schlüsse, die man aus dem Ausfall von solchen Leitfähigkeitsmessungen mit der bisherigen Methode auf das Wesen der Membranveränderung ziehen darf. Aber im Augenblick besteht die Aufgabe nur darin, die mit derselben Methode an drei verschiedenen Versuchsobjekten gewonnenen Resultate miteinander zu vergleichen, ganz unabhängig davon, was diese Resultate eigentlich bedeuten. Letzten Endes sind die Ergebnisse allerdings nur vergleichbar unter der Voraussetzung, daß an den drei verschiedenen Versuchsobjekten mit derselben Methode stets dieselbe Größe — nach Gildemeister die Polarisation — gemessen wird, nicht etwa z. B. an den rein bindegewebigen Membranen die Polarisation, an den vorzugsweise muskulären Membranen dagegen die Selbstinduktion.

Diese Voraussetzung ist nach dem heutigen Stand unserer Kenntnisse keineswegs erfüllt. Aber wenn man für den rein orientierenden Zweck der vorliegenden Untersuchung diesen Punkt zurückstellt, so darf man wohl ohne Rücksicht auf den prinzipiellen Einwand Gildemeisters einmal zu dem Vergleich dessen schreiten, was sich mit der Kohlrauschschen Versuchsanordnung für Membranen verschiedener Herkunft und Beschaffenheit ergibt.

Untersucht wurden Membranen des Musculus transversus und rectus abdominis und des Ligamentum patellae von Eskulenten und Temporarien, in zwei oder drei Versuchen auch die von Muskelgewebe makroskopisch ganz befreite Aponeurose des Musculus rectus abdominis.

Über die Art und Konzentration der angewandten Narkotica gibt die folgende Tabelle I eine Übersicht:

---

[1]) Gildemeister, Elektrischer Widerstand, Capacität und Polarisation an der Haut. Arch. f. d. ges. Physiol. **171**. 1919.

Tabelle I.

Narkoticum	Konzentration
Alkohol	5,0 %
„	1,25 %
Chloroform	0,1 %
Äther	3,0 %
„	1,5 %
Urethan	1,0 %
„	0,75 %
„	0,375 %
Isopral	1,0 %
„	0,5 %
„	0,25 %

Im einzelnen entspricht die Versuchsanordnung der von Loewe gegebenen Beschreibung[1]). Zur Unterbringung der Membranen und der sie beiderseits umspülenden Ringerlösung dienten die auch schon von ihm benutzten U-förmig gebogenen Glasröhrchen, deren Hälften mittels zweier Metallspiralen so aneinander gepreßt wurden, daß die Membranen fest zwischen ihnen saßen und die Durchbohrungen der Röhrchen möglichst genau aufeinander eingestellt waren.

Die Membranen selbst wurden derart gewonnen, daß aus einem soeben getöteten Frosch die zu prüfenden Gewebsstückchen herausgeschnitten wurden; sie wurden entweder sofort in die U-Röhrchen eingespannt, die dann sogleich beiderseits mit Ringerlösung gefüllt wurden, wobei sorgfältig darauf geachtet wurde, daß keine Luftblasen an den Membranen oder in dem horizontal verlaufenden Teil der U-Röhrchen haften blieben; oder die Gewebsstückchen wurden für kurze Zeit in Ringerlösung eingelegt und erst dann zu Messungen eingespannt. Nachdem so von demselben Tier je ein Stückchen aus dem Musculus rectus und Transversus abdominis und dem Ligamentum patellae eingespannt und die Röhrchen mit Ringerlösung gefüllt worden waren, wurde zunächst der Widerstand dieser drei Membranen in Ringerlösung bestimmt, und zwar durch zwei oder drei durchschnittlich 15—20 Minuten auseinanderliegende Messungsreihen, die aus je drei nacheinander, aber völlig getrennt voneinander vorgenommenen Ablesungen bestanden. Hierauf wurde die Ringerlösung entfernt und ersetzt durch Ringerlösung, die eins der oben angeführten Narcotica in der dort angegebenen Konzentration enthielt. In der Regel wurde in einer Versuchsreihe dasselbe Narkoticum gleichzeitig an den drei verschiedenen Membranarten untersucht. Nach verschieden langer Einwirkungsdauer wurde die narkoticumhaltige Ringerlösung durch narkoticumfreie ersetzt und zunächst wieder der Widerstand der Membran in Ringerlösung mehrfach bestimmt, worauf eine zweite, sehr selten noch eine dritte Narkose folgte.

---

[1]) Vgl. S. 8 bzw. 1.

Nach Möglichkeit wurde die Einwirkungsdauer des Narkoticums so lang gewählt, bis Gleichgewicht eingetreten war. Die Kurven zeigen aber, daß dieser Zustand in annehmbaren Zeiträumen meist nur annäherungsweise zu erreichen war.

Als Fehlerquellen für die beobachteten Leitfähigkeitsänderungen der Membranen kommen in Betracht Temperatureinflüsse, Einflüsse des Narkoticums auf die membranlosen Anteile des Systems, also auf Ringerlösung allein, und interkurrierende Absterbeerscheinungen an den Membranen.

Die Sicherung der Temperaturkonstanz durch Verwendung eines Thermostaten war durch die Konstruktion der Membrangefäße unmöglich gemacht. Die Thermostatenflüssigkeit hätte die Ränder der eingespannten Gewebsmembranen umspült und so unübersehbare Störungen geschaffen. Abdichtung der Membranränder gegen diese Schädigung ist umständlich, unsicher und zeitraubend; daher schien es ein geringerer Fehler, sich gegen Temperatureinflüsse auf andere Weise zu sichern. Die Messungen wurden in einem möglichst gleichmäßig temperierten Raum vorgenommen, alle Lösungen zuvor auf die Temperatur dieses Raumes gebracht und alle Objekte gegen Wärmestrahlen geschützt. Außerdem wurde die Temperatur möglichst oft während der Versuche abgelesen. Demgemäß kommen Temperaturschwankungen innerhalb der einzelnen Versuchsreihen, wie aus den Kurven zu ersehen ist, kaum jemals vor. Gleichwohl wurde unter Zugrundelegung der bei verschiedenen Temperaturen vorgenommenen Widerstandsmessungen der reinen Ringerlösung in einer ersten Reihe von Vorversuchen der Temperaturkoeffizient ihrer Leitfähigkeit berechnet nach der von Kohlrausch und Holborn[1]) angegebenen Formel

$$c = \frac{1}{w_1} \cdot \frac{w_0 - w_1}{t_1 - t_0},$$

wobei w_0 den Ausgangswiderstand bei der Temperatur t_0, w_1 den Endwiderstand bei der Temperatur t_1 bezeichnet, die höher ist als t_0. Die Werte von w und t, mit deren Hilfe c berechnet wurde, sind in der folgenden Tabelle II angegeben.

Tabelle II.

t	w
6°	4917 Ohm
7°	4820 ,,
18,2°	3740 ,,

Aus diesen Zahlen ergibt sich für c der Wert 0,022975.

Während sich in breiteren Temperaturbereichen die c-Kurve nicht mehr als linear darstellt, kann c für das kleine Temperatur-

---

[1]) Siehe Kohlrausch und Holborn, Die Leitfähigkeit der Elektrolyte.

intervall, um das es sich bei den vorliegenden Messungen handelt, als konstant angesehen werden.

Dem entspricht, daß die graphisch ermittelte Temperaturkurve, die sich in Abb. 5 (S. 28) eingezeichnet findet, von den ermittelten Einzelwerten nur geringe Abweichungen — höchstens 5% — zeigt. Diese Kurve konnte daher bezugsweise zugrunde gelegt werden.

Die Widerstandswerte, von denen bei Zeichnung dieser Kurve ausgegangen wurde, wurden so ermittelt, daß die Mittelwerte zahlreicher Messungen um die beiden Grenztemperaturen 7 und 19° C herum rechnerisch bestimmt, in ein Koordinatensystem eingetragen und dann durch eine Gerade verbunden wurden.

Der Einfluß der Narkotica auf die Leitfähigkeit von membranlosen Ringerlösungen wurde in einer zweiten Reihe von Vorversuchen ermittelt. Das Ergebnis wird durch die graphische Darstellung (Abb. 6 u. 7, S. 28) veranschaulicht. Bei konstanter Temperatur wurde abwechselnd der Widerstand einer reinen Ringerlösung bestimmt und die Widerstandsänderung, die eintrat, wenn sie ersetzt wurde durch eine Ringerlösung mit Narkoticum bestimmter Konzentration. Die Maximal- und Minimalwerte der einzelnen Messungen liefern die beiden eingezeichneten Kurven.

Auf der Grundlage dieser Vorversuche über die Wirkung des Narkoticums auf Ringerlösung allein, die alle übereinstimmend zu dem Ergebnis einer Leitfähigkeitsverminderung durch jedes der geprüften Narkotica in jeder geprüften Konzentration geführt hatten, war nun eine Korrektur an den Ergebnissen der Hauptversuche erforderlich:

Auf den Kurven dieser Versuche ist dem Einfluß der Konzentration des Narkoticums auf die Widerstandsänderung auf folgende Art Rechnung getragen.

Es seien in den anschließenden Ausführungen als Abkürzung gestattet

für ein System mit Ringerlösung L,
für ein System mit Ringerlösung und Narkoticum L_N,
für ein System mit Membran in Ringer M,
für ein System mit Membran in Ringer und Narkoticum M_N.

Ferner seien die Widerstandswerte für die reine Ringerlösung vor und nach der Prüfung mit Narkoticum mit W_L, die Widerstände der Systeme L_N mit W_{L_N} bezeichnet.

$$\frac{W_{L_N} - W_L}{W_L} \cdot 100$$

bedeutet demnach die prozentische Widerstandserhöhung reiner Ringerlösung.

Unter Berücksichtigung der höchsten und der Durchschnittswerte von je drei Ablesungen einer Messungsreihe wurden jeweils ein Maximal- und ein Durchschnittswert dieser Prozentualangabe berechnet; diese Prozentwerte sind in Tabelle III zusammengestellt.

Tabelle III.

$$\frac{W_{L_N} - W_L}{W_L} \cdot 100.$$

Narkoticum	Konzentration	Maximum	Mittel
Äther	1,5	5,15	3,75
,,	1,0	2,94	2,31
,,	0,5	2,73	2,09
Chloroform	0,1	3,25	1,99
Alkohol	10	40,75	37,60
,,	5	16,40	14,82
,,	2,5	12,56	11,62
,,	1,25	6,90	5,495
Urethan	3,0	8,36	7,04
,,	1,5	3,16	2,045
,,	1,0	2,318	1,675
,,	0,75	2,526	1,786
,,	0,50	1,904	1,108
,,	0,375	1,585	0,792
Isopral	1,0	3,780	2,940
,,	0,5	2,310	1,045
,,	0,25	3,075	1,940

Wie man sieht, handelt es sich schon bei diesen Werten um Approximativzahlen: die im allgemeinen hinreichend gleichmäßig abfallenden Reihen für die verschiedenen Konzentrationen des gleichen Narkoticums zeigen nur bei Urethan — 1,0% und 0,75% — und Isopral — 0,5% und 0,25% — eine Unstimmigkeit. Eine feste gesetzmäßige Beziehung zwischen Abnahme der Konzentration und Abnahme der Leitfähigkeitsverminderung läßt sich aus den gewonnenen Resultaten nicht ableiten.

Unter Zugrundelegung der Zahlen dieser Tabelle erhielt man die Widerstandswerte, die im Laufe der Membranversuche gemessen worden wären, wenn die Widerstandserhöhung nach Zufügen des Narkoticums allein auf dessen Einfluß auf die Ringerlösung zurückzuführen wäre. Diese Werte sind als Kreise in die Kurven 8—21 eingetragen und durch die kurz gestrichelten, bzw. die kurz-lang gestrichelten Linien verbunden (vgl. auch Tab. IV). Die ersteren begrenzen den ungünstigsten Maximalbereich dieses Einflusses des Narkoticums auf Ringerlösung allein, der unter Zugrundelegung der höchsten der drei Ablesungen in dem System M und des Maximalwertes der Tabelle III berechnet ist. Die letzteren geben den Durchschnittswert an, der sich als Mittel ergibt, wenn einmal die höchste, einmal die niedrigste Ablesung in dem System M mit dem Durchschnittsprozentualwert der Tabelle III multipliziert wird.

Von Wichtigkeit für die Beurteilung der Versuchsergebnisse sind endlich noch die Absterbeerscheinungen, soweit sie in den vorliegenden Leitfähigkeitsmessungen zum Ausdruck kommen.

Sie ließen sich am deutlichsten beobachten, wenn unmittelbar nach der Tötung des die Versuchsobjekte liefernden Tieres die zu untersuchenden

Membranen, hier also ein Stückchen des Musculus transversus und des Ligamentum patellae dem Frosch entnommen, sofort eingespannt und namentlich anfangs während der nächsten 6—8 Stunden möglichst häufig gemessen wurden (Kurven 22 u. 23, S. 33).

Ein Vergleich der beiden Kurven zeigt folgendes: der Musculus transversus weist zunächst eine nicht unbedeutende Steigerung des Widérstandes auf. In etwa $1^1/_2$ Stunden ist das Maximum der bei dem Versuch festgestellten Widerstandszunahme erreicht mit einer Widerstandssteigerung um 8,19% des zuerst gemessenen Widerstandswertes. Da der Frosch bis kurz vor seiner Tötung in einem geheizten Zimmer stand, die Messung aber in Ringerlösung und bei einer Zimmertemperatur von nur 6° C stattfand, könnte an eine Erhöhung des Widerstandes durch die Abnahme der Temperatur gedacht werden. Dem entspräche, daß eine solche Anfangssteigerung des Widerstandes für gewöhnlich nicht zur Beobachtung kam.

Im weiteren Verlauf zeigt sich dann eine bis zur 9. Stunde sehr steil, später flacher verlaufende Abnahme des Widerstandes. In acht Stunden 40 Minuten beträgt sie 9,75% des vorherigen Maximums. Das Minimum ist nach $1^1/_2$ Tagen mit ca. 17% Abnahme erreicht. Diese Absterberscheinung läßt sich auch an vielen Beispielen der Kurven 8—21 verfolgen, wo die Widerstandsmessungen der rein muskulären Membranen in reiner Ringerlösung mit der Zeit ständig absinkende Widerstandswerte ergeben, obwohl sie zuvor mit sicher reversibel, nicht toxisch wirkenden Narkoticumkonzentrationen behandelt wurden. Diese Leitfähigkeitsvermehrung ist wohl auf eine Permeabilitätssteigerung durch Zustandsänderung der Plasmakolloide zurückzuführen.

Die nachträgliche Widerstandserhöhung am dritten und vierten Tag ist von geringerem Interesse, weil sie geringeren Umfang besitzt und weil um diese Zeit die Membran meist nicht mehr zu Narkoseversuchen verwendet wurde. Zu ihrer Erklärung wird wohl in erster Reihe an bakterielle Prozesse — Bildung permeabilitätsvermindernder und porenverschließender Rasen — zu denken sein.

Im Vergleich hiermit ergibt die Kurve des Ligamentum patellae folgendes:

Gleichfalls nach etwa $1^1/_2$ Stunden ist das Maximum der bei dem Versuch beobachteten Widerstandszunahme erreicht bei einer Steigerung des Widerstandes um 2,38% des Anfangswertes.

Dieser anfängliche Anstieg des Widerstandes liegt beim Lig. pat. weniger steil als beim Muskel. Nach 10 Minuten z. B. hat der Widerstand des Ligamentum patellae um 0,198% des Anfangswertes zugenommen, der des Musculus transversus bereits um 3,34% des Anfangswiderstandes. In 8 Stunden 40 Minuten beträgt die daran sich anschließende Widerstandsabnahme 2,325% des vorherigen Maximalwertes; das Minimum ist ebenfalls nach $1^1/_2$ Tagen mit ca. 11% erreicht.

Die Kurve des Lig. pat. unterscheidet sich also von der des Muskels durch eine wesentlich schwächere und sich langsamer ausbildende anfängliche Widerstandszunahme und durch eine wesentlich geringere und erst bedeutend später einsetzende Widerstandsabnahme im Verlauf der zwei ersten Tage.

Nähme man, wie eben bei den Muskelmembranen erörtert, die Abkühlung des Organstückes des zuvor im geheizten Zimmer befindlichen Frosches zur Erklärung für den anfänglichen Anstieg, so bliebe der Unterschied des Lig. pat. gegenüber der höheren Steigerung des Anfangswiderstandes des Muskels sehr auffällig. Übrigens ist auch bei den Ligamenta patellae diese Steigerung in analogen Versuchen nicht beobachtet worden.

Das deutlich stärkere und frühere Einsetzen dieser anfänglichen und durch den Einfluß der Temperatur allein kaum zu erklärenden Widerstandssteigerung bei der parenchymreichen, bindegewebsarmen Membranart ladet dazu ein, die Erklärung hierfür zu suchen in dem wesentlichen Unterschied dieser Membranart gegenüber der parenchymarmen: in ihrem großen Parenchymreichtum.

Ob die beobachtete Erscheinung bei der Muskelmembran identisch ist mit der Totenstarre des Muskels, bzw. der Lösung derselben, kann und soll hier nicht erörtert werden. Vielleicht liegt aber die Erklärung für das stärkere und frühere Auftreten der Anfangswiderstandserhöhung an der muskelreichen Membran in der beim Absterben steigenden H-Ionen-Konzentration, die sich bei der muskelreichen Membranart wesentlich stärker bemerkbar machen dürfte als bei der bindegewebsreichen, parenchymarmen.

Damit ist aber wieder die Frage aufgerollt, wie man sich den Einfluß starker und schwacher H-Ionen-Konzentrationen auf die Permeabilität tierischer Membranen zu denken habe.

Schwächere H-Ionen-Konzentrationen dürften eine Quellung des Parenchyms und damit eine gesteigerte Leitfähigkeit, eine Verminderung des Widerstandes bewirken. Höhere H-Ionen-Konzentrationen müßten, wenn man ihren Angriffspunkt gleichfalls in die Parenchymbestandteile allein verlegt, durch Schrumpfung derselben eine Vergrößerung des von Bindegewebe ausgefüllten, gut leitenden Interstitiums ergeben, also eine Leitfähigkeitserhöhung. Ist aber das Interstitium allein der Angriffspunkt, werden in ihm durch Fällung von bisher gelösten Eiweißsubstanzen Flockenbildung und daher Verstopfung der bisher zur Leitung benutzten Strombahn bewirkt, muß eine Leitfähigkeitsherabsetzung die Folge sein. Wirkt das Narkoticum auf das Parenchym allein und kommt dieses allein für die Permeabilität des Gewebes in Betracht, während das Interstitium schlecht oder gar nicht permeabel ist, müssen starke H-Ionen-Konzentrationen durch Verstopfung der Strombahn durch Gerinnung Leitfähigkeitsverminderung bewirken. Sind schließlich Parenchym und Interstitium dem Einfluß der H-Ionen in gleicher Weise ausgesetzt, und werden sie beide zur Gerinnung gebracht, würde gleichfalls eine Leitfähigkeitsherabsetzung hieraus folgen.

Die allgemein herrschende Ansicht über die Wirkung der H-Ionen-Konzentrationen auf Gele, — bei schwachen Konzentrationen Quellung, Leitfähigkeitserhöhung und Widerstandsabnahme, bei starken Gerinnung, Leitfähigkeitsherabsetzung und Widerstandszunahme — läßt eine Erklärung der oben beobachteten anfänglichen Widerstandssteigerung nur dann zu, wenn man annimmt, daß für die Permeation von Ionen durch aus Parenchym und Interstitium zusammengesetzte Membranen nur das Interstitium in Betracht kommt, das Parenchym vielleicht nur als Hindernis wirkt. Denn dann würde eine am Parenchym angreifende Quellung durch schwache H-Ionen-Konzentrationen eine Leitfähigkeitsverminderung durch Verkleinerung des Strombahnquerschnittes bewirken, eine am selben Ort angreifende Gerinnung durch hohe H-Ionen-Konzentrationen durch Vergrößerung des Strombahnquerschnittes eine Leitfähigkeitssteigerung zur Folge haben.

Das Ergebnis dieses Versuches weist also erneut darauf hin, wie überaus mannigfaltig die Erscheinungen an überlebenden tierischen Membranen sind, eine Mannigfaltigkeit, welche die Auffindung irgendwelcher, allgemein gültiger Gesetzmäßigkeiten für die Verhältnisse an diesen Membranen außerordentlich erschwert.

Diese beiden Absterbekurven zeigen anschaulich, wie die Absterbeerscheinungen nicht nur während eines Versuches die Resultate der Messungen beeinflussen können, sondern auch für die Verwendbarkeit überlebender Membranen überhaupt von großer Bedeutung sind: mit steigendem Alter nimmt ihre Brauchbarkeit ständig ab und man entfernt sich mit jeder Stunde zusehends von den Verhältnissen intra vitam. Man kann geradezu das Paradoxum aussprechen, daß die Leitfähigkeitsmessung bei allen ihren Schwächen einen feineren Gradmesser für den Lebendigkeitsgrad der Gewebe abgibt als die Prüfung der Funktion selber, die ja zum mindesten qualitativ noch viel länger intakt gefunden wird.

Auch dieser Nachweis des Überlebens durch die Funktion wurde für die hier untersuchten Objekte, wenigstens die muskulären, versucht. Es wurde geprüft, ob sich die Reizschwelle für elektrische Reizung vor und nach der Narkose feststellen ließe. Gerade der Umstand, daß es nicht gelang, eindeutige Ergebnisse bei diesen Funktionsprüfungen vor und nach Gebrauch der Membranen zur Narkose zu finden, bestätigt vielleicht den vorausgeschickten Satz. Übrigens kann auf den Nachweis der Reversibilität der mit den angewandten Narkoticumkonzentrationen auf die Membranen ausgeübten Einflüsse auf diesem Wege verzichtet werden. Daß sie sich aus unseren Kurven als reversibel erweisen, kann für die hier verfolgten Zwecke genügen. Dazu kommt, daß Narkoticumkonzentrationen angewandt wurden, die nach den Erfahrungen früherer Untersucher von vornherein als reversibel wirksam anzusehen sind.

Was ergibt sich nun, wenn unter Berücksichtigung dieser Momente die Kurven 8—21 und die Tabellen IV und V betrachtet werden, aus diesen 1. für die Frage der allgemeinen Brauchbarkeit der hier angewandten Methode, und 2. für die Beantwortung der Frage, ob an Geweben gewonnene Resultate ohne weiteres auf Zellen übertragbar sind?

Praktisch gut verwendbar wäre die angewandte Methode dann, wenn in jedem Versuch die Ergebnisse außerhalb der größten Fehlerbreite lägen, d. h. wenn auch die Minimalablesung zur Zeit der Höchsteinwirkung des Narkoticums auf das System M_N oberhalb des Maximalwertes läge, den der Widerstand in einem

Fortsetzung auf S. 18.

Tabelle IV.

Narkoticum	Konzentration in %	Temperatur in °C	Art der Membran	HD[1]	HD in %	HM	HM in %
Alkohol	5	17,75	Muskel mit viel B.G.	+ 320	+ 6,78	+140	+2,92
„	5	17,75	„ „ wenig „	+ 380	+ 9,54	+220	+5,365
„	1,25	17	„ „ viel „	+ 400	+ 4,64	− 20	−2,22
„	1,25	17	„ „ „ „	+ 560	+ 6,2	+120	+1,285
„	1,25	17	„ „ wenig „	+ 230	+ 4,16	+ 10	+0,176
„	1,25	17	„ „ „ „	+ 300	+ 5,82	+ 90	+1,69
„	1,25	17	„ „ „ „	− 35	− 0,938	−150	−3,94
„	1,25	17	„ „ viel „	+ 65	+ 1,39	− 75	−1,568
„	1,25	12,2	„ „ wenig „	+ 1	+ 0,159	−155	−2,42
„	1,25	12,2	„ „ viel „	− 55	− 0,842	−255	−3,81
„	1,25	12,2	Ligamentum patellae	− 10	− 0,203	−185	−3,64
Chlorof.	0,1	17	Muskel mit wenig B.G.	+ 105	+ 2,5	− 20	−0,46
„	0,1	17	„ „ viel „	+ 80	+ 1,95	− 70	−1,65
„	0,1	12,2	„ „ „ „	+ 25	+ 0,412	−160	−2,64
„	0,1	12,2	„ „ wenig „	− 30	− 0,497	−210	−3,41
„	0,1	12,2	Ligamentum patellae	+ 195	+ 4,1	+ 30	+0,6175
Äther	3	17	Muskel mit viel B.G.	+ 260	+ 5,65	+110	+2,33
„	3	17	„ „ wenig „	+ 170	+ 4,64	+ 35	+0,938
„	3	12,5	„ „ viel „	+ 710	+ 8,6	+325	+3,62
„	3	12,5	„ „ wenig „	+ 440	+ 5,71	+ 20	+0,249
„	3	12,5	Ligamentum patellae	+ 280	+ 5,76	− 90	−1,785
„	1,5	12,2	Muskel mit viel B.G.	+ 90	+ 1,62	−130	−2,28
„	1,5	12,2	„ „ wenig „	+5550	+11,7	+256	+5,3
„	1,5	12,2	Ligamentum patellae	+ 65	+ 1,42	− 85	−1,81

[1] Zur Erklärung der Ausdrücke HD, $HD\%$, HM und $HM\%$ ist folgendes auszuführen (vgl. S. 12 und 13). In den Versuchsprotokollen bezeichnen die ausgezogenen Linien (l_1) Maximum und Minimum des Widerstandes in dem System Mn, wie sie bei den einzelnen Ablesungen festgestellt wurden; die kurz gestrichelten Linien (l_2) verbinden die rechnerisch (vgl. Tab. III) gefundenen Maxima des Widerstandes in den Systemen Ln, wie sie unter Einhaltung derselben Versuchsbedingungen gefunden worden wären, die kurz-lang gestrichelten Linien (l_3) die graphisch gefundenen Mittel der aus dem Maximum und Minimum der Meßresultate in dem System Mn für die gleichen Versuchsbedingungen berechneten Werte in dem System Ln.

HD bedeutet die Differenz zwischen dem Mittel der durch l_1 dargestellten Widerstandswerte und dem entsprechenden durch l_3 dargestellten Wert.

$HD\%$ diese Differenz ausgedrückt in Prozenten des entsprechenden, durch l_3 gegebenen Widerstandswertes.

HM und $HM\%$ haben entsprechende Bedeutung für die Differenzen zwischen den einander entsprechenden Werten, die gegeben sind durch die untere der beiden ausgezogenen Linien (l_1) und die kurz gestrichelte (l_2).

Ein + Zeichen bedeutet, daß eine Zunahme, ein − Zeichen, daß eine Abnahme des Widerstandes vorliegt.

Tabelle IV (Fortsetzung).

Narko-ticum	Kon-zentration in %	Tem-peratur in °C	Art der Membran	HD	HD in %	HM	HM in %
Urethan	1,0	18,0	Muskel mit viel B.G.	+ 270	+ 6,1	+ 180	+ 4,02
„	0,75	17,0	„ „ „ „	+1920	+25,95	+1280	+16,4
„	1,0	18	„ „ wenig „	+ 340	+ 8,27	+ 210	+ 4,98
„	0,75	17	„ „ „ „	+ 450	+10,39	+ 320	+ 7,25
„	0,75	17	„ „ „ „	+ 60	+ 1,42	− 120	− 2,78
„	0,75	17	„ „ „ „	+ 50	+ 1,17	− 65	− 1,49
„	0,75	17	„ „ viel „	+ 60	+ 1,42	− 65	− 1,5
„	0,75	12,2	„ „ „ „	+ 105	+ 1,97	− 80	− 1,47
„	0,75	12,2	„ „ wenig „	+ 135	+ 2,15	− 15	− 0,299
„	0,75	12,2	Ligamentum patellae	+ 65	+ 1,39	− 60	− 1,26
„	0,375	10,2	„ „	+ 154	+ 3,5	+ 60	+ 1,33
„	0,75	10,2	Aponeurose	+ 195	+ 3,48	+ 5	+ 0,087
„	0,75	10,2	Muskel mit wenig B.G.	+ 160	+ 2,96	− 10	− 0,181
„	0,375	10,2	„ „ „ „	+ 165	+ 3,12	+ 25	+ 0,461
Isopral	1,0	17,0	Muskel mit viel B.G.	+1420	+16,5	+ 720	+ 8,06
„	1,0	17,0	„ „ wenig „	+ 560	+11,6	+ 340	+ 6,62
„	0,5	17,0	„ „ viel „	− 35	− 0,768	− 180	− 3,86
„	0,5	17,5	„ „ „ „	+ 85	+ 2,04	− 60	− 1,41
„	0,5	17	„ „ wenig „	+ 80	+ 2,26	− 35	− 0,965
„	0,5	17,5	„ „ „ „	+ 20	+ 0,56	− 85	− 2,355
„	0,5	12,2	„ „ viel „	+ 125	+ 2,36	− 35	− 0,645
„	0,5	12,2	„ „ wenig „	+ 120	+ 2,48	− 65	− 1,32
„	0,5	12,2	Ligamentum patellae	+ 55	+ 1,22	− 105	− 2,26
„	0,5	10,2	Aponeurose	+ 145	+ 2,65	− 5	− 0,089
„	0,25	10,2	„	+ 205	+ 3,018	+ 40	+ 0,723
„	0,5	10,2	Muskel mit wenig B.G.	+ 125	+ 2,31	− 25	− 0,45
„	0,25	10,2	„ „ „ „	+ 115	+ 2,14	− 10	− 0,182

analogen, aber membranlosen System L_N aufwiese, — wie das z. B. in Abb. 17 u. 21 angedeutet ist — wenn kurz gesagt die diesen Unterschied zum Ausdruck bringenden Werte HM bzw. $HM\%$ in den Tabellen positiv wären und damit eine zweifellose Widerstands z u n a h m e des membranhaltigen Systems unter dem Einfluß der Narkotica ausdrückten, die dann mit Sicherheit auf den Einfluß des Narkoticums auf die Membran selbst zurückzuführen wäre. Die so gefundene Permeabilitätsveränderung müßte dann in der Tat als Membranfunktion unter dem Einfluß der Narkotica gedeutet werden.

Dies Ergebnis ist aber sehr selten. In der Regel findet sich ein negativer Wert, der aber − 4% niemals überschreitet, während unter den positiven Ergebnissen Zahlen bis zu 16% vorkommen.

Erkennt man dagegen auch diejenigen Ergebnisse als beweisend an, wo die Zuführung der Narkotica zu dem System M eine Widerstandszunahme des Mittelwertes der Ablesungen über den berechneten Durchschnittswert des membranlosen Systems bewirkt, so gewinnen die Resultate bedeutend an Brauchbarkeit. Denn in den Spalten HD und $HD\%$ der Tabelle IV, in denen diese Durchschnittsdifferenzen aufgeführt sind, finden sich nur 5 negative Werte, und diese können eher durch zufällige Fehler während der Ausführung der Versuche, z. B. unbemerkt gebliebene Verschiebung der beiden U-Röhrchen gegeneinander, erklärt werden.

Im folgenden werden die Ergebnisse unter Zugrundelegung dieser Durchschnittswerte beurteilt.

Einen Überblick über die Ergebnisse geben am besten die graphische Darstellung der Resultate in Abb. 24 (S. 34), die Tabelle IV und am einfachsten die folgende Tabelle V.

Tabelle V.

Narkoticum	Musc. transv.	Musc. rectus.	Lig. patellae.
Alkohol	$+6,17\%$	$+4,75\%$	$+0,1\%$
Chloroform	$+1,0\%$	$+1,20\%$	$+2,00\%$
Äther	$+7,30\%$	$+5,30\%$	$+3,6\%$
Urethan	$+4,20\%$	$+8,80\%$	$+2,70\%$
Isopral	$+3,6\%$	$+6,8\%$	$+0,61\%$

Diese Tabelle wurde auf folgende Art gewonnen: ohne Rücksicht auf Konzentration und Temperatur wurde aus allen jeweils einem einzelnen Narkoticum und einer Membranart entsprechenden Werten der Spalten $HD\%$ der Tabelle IV der Durchschnitt errechnet, der also jeweils der Widerstandserhöhung vom Muskel mit viel bzw. mit wenig Bindegewebe bzw. vom Lig. pat. durch Narkoticumzusatz entspricht.

Ein Vergleich dieser Mittelzahlen ergibt, daß für Chloroform, Urethan und Isopral die Werte der Spalte 2 größer sind als die der Spalte 1, dagegen nicht für Alkohol und Äther. Dies bedeutet also, daß außer bei Alkohol und Äther bei den angewandten Narkoticumarten und -konzentrationen die Widerstandserhöhung, die durch Zustandsänderung der Membran selbst, durch Herabsetzung ihrer Permeabilität für Ionen bedingt ist, bei bindegewebsreichen Membranarten größer ist als bei bindegewebsarmen, parenchymreichen.

Aus allen diesen Beobachtungen, die zum größeren Teil im Vorausgehenden übersichtlich zusammengestellt sind, lassen sich die Fragen, die wir uns eingangs vorgelegt haben, folgendermaßen beantworten:

Die erste Frage betrifft die Brauchbarkeit der Leitfähigkeitsmessung von Membranen als Methode zur Prüfung von Permeabilitätsänderungen, wie sie sich nach den Ergebnissen der hier wiedergegebenen Versuche darstellen.

Die Abweichungen der einzelnen Ablesungen sind, wie sich aus der Breite der mit ausgezogenen Linien umsäumten Ablesungsstreifen unserer zahlreichen Kurven ergibt, nicht ganz unbeträchtlich. Aber die Methode reicht doch vollkommen aus, um Veränderungen, die sich nach willkürlicher Variation der Bedingungen des Mediums einstellen, deutlich erkennen zu lassen. Die Änderungen der Kurvenrichtung unter dem Einfluß eines jeglichen Narkoticumzusatzes sind augenfällig. Wenn man sich fragt, inwieweit alle diese augenfälligen Kurvenausschläge auf Veränderungen der Membrangebilde selbst unter dem Einfluß der Narkotica zurückzuführen sind, so darf man dabei freilich eine wichtige Nebenbeobachtung, die sich aus unseren Vorversuchen ergibt, nicht vernachlässigen.

Alle von uns geprüften Narkotica beeinflussen nach unseren Vorversuchen bereits die Leitfähigkeit eines einphasigen, aus einer echten Lösung (Ringerlösung) bestehenden Systems. Und zwar erfolgt dieser Einfluß regelmäßig im Sinne einer Leitfähigkeitsverminderung dieses membranlosen Systems. Bei der Vernachlässigung, die wir im Rahmen dieser Untersuchung von vornherein der prinzipiellen Frage angedeihen lassen wollten, inwieweit der gemessene Vorgang wirklich eine Widerstandsänderung, inwieweit er Polarisation ist, soll auch hier die Frage nicht erörtert werden, ob nicht vielleicht die scheinbare Widerstandserhöhung der Ringerlösung durch unsere Narkoticumzusätze in Wirklichkeit ein Polarisationsvorgang (etwa an unseren Elektroden) ist. Sieht man von dieser Frage ab, so hat man die Feststellung, daß Narkotica auf Salzlösungen leitfähigkeitsvermindernd einwirken, in den Vordergrund der Betrachtung zu stellen. In der Literatur sind uns Feststellungen über dieses allerprimitivste Modell einer Narkose, die „Narkose von Salzlösungen", nicht begegnet. Auch Loewe hat bei seinen Versuchen an künstlichen Membranen diese Frage vernachlässigt, weil er glaubte, seine Schlüsse auf eine Leitfähigkeitsverminderung der Membranen auch ohnedies ziehen zu dürfen einfach aus dem Umstande heraus, daß seine Leitfähigkeitskurven unter dem Einfluß eines Narkoticumzusatzes nicht einen plötzlichen Anstieg zu einem veränderten, aber konstant bleibenden, also horizontalen Verlauf und bei der Wegnahme des Narkoticums einen entsprechenden plötzlichen Abfall erfuhren, sondern in einem meist bogenförmigen Anstieg den Narkoticumeinfluß auf die Membran zu erkennen gaben. Es ist naheliegend, aus diesem unerwarteten Verlauf der Änderung in der Kurvenrichtung auf Vorgänge zu schließen, die sich erst allmählich mit einer im Versuch verfolgbaren Reaktionsgeschwindigkeit an den Membranen abspielen.

Dieses Argument ist in der Tat auch für unsere vorliegenden Messungen wichtig. Es treten auch bei unseren Kurven die Veränderungen nach dem Narkoticumzusatz nicht sofort und dann konstant bleibend in die Erscheinung, sondern alle unsere Narkoseabschnitte im Verlauf der Kurven streben während einer sehr beträchtlichen Zeit der Narkoticumeinwirkung (20 Minuten bis 1 Stunde) einem Maximum zu, das bei sorgfältiger Betrachtung der Kurven während der Messungszeit eigentlich niemals erreicht wird. Diese Argumentation kann aber einem Einwand begegnen. Auch wenn, was man durch die vorausgehenden Überlegungen widerlegt glaubt, der Einfluß des Narkoticums sich nur an dem Elektrolytmedium abspielt, also an demselben Objekt, das auch bei unseren Vorversuchen an membranlosen Lösungssystemen einer in diesen vereinfachten Fällen plötzlich und ohne allmählichen Anstieg zustande kommenden Leitfähigkeitsverminderung unterliegt, so kann doch, sobald eine Membran in dieses Lösungssystem eintritt, der Einfluß auch auf die Lösungsbestandteile der Membran allein das Gleichgewicht langsamer vielleicht deswegen erreichen, weil zwar nicht die Membran selbst einem besondersartigen Einfluß des Narkoticums mit langsamerer Reaktionsgeschwindigkeit unterliegt, ihre disperse Phase aber den Einfluß des Narkoticums auf die in ihr enthaltenen Teile der freien Lösung einfach durch Behinderung der freien Diffusion verlangsamt. Dieser Einwand kann nur dadurch widerlegt werden, daß der Einfluß des Narkoticums auf ein membranhaltiges System deutlich größer wird als auf ein membranloses. Darum dürfen wir uns bei der Bewertung der Narkosezacken unserer Kurven nicht auf ihr augenfälliges Vorhandensein und die Langsamkeit, mit der sie einem Maximum zustreben, beschränken, sondern wir müssen jedesmal prüfen, ob das erreichte Maximum auch höher liegt als dasjenige, welches ein sonst analoges Lösungssystem ohne Membran unter dem Einfluß des Narkoticums erreicht hätte. Dieser Überschuß darf mit gutem Gewissen verwendet werden. Denn selbst wenn der ganze Einfluß der Membran auf der Enge und Verzweigtheit der Strombahn, also auf der Vermehrung der Wandbestandteile beruht, so sind doch Veränderungen in der Leitfähigkeit, die auch nur auf diesen Verhältnissen beruhen, mit Recht bereits als Membranfunktionen zu buchen.

Durch das Erfordernis, den Einfluß des Narkoticums auf das gleiche System abzüglich der Membran zu ermitteln, leidet aber naturgemäß die Genauigkeit der Methode. Denn dieser Subtrahend kann nur rechnerisch ermittelt werden, und wenn wir auch die für uns ungünstigsten Rechnungsergebnisse nicht scheuen, so müssen wir die rein experimentell bereits eintretenden Ablesefehler durch Multiplikation noch merklich vermehren, d. h. also die Fehlerbreite merklich vergrößern. Wenn wir hierin bis zum äußersten Maße ungünstiger Gestaltung der Verhältnisse gehen, wie wir das in unseren Kurven durch Einzeichnung des maximal errechenbaren Einflusses des Narkoticums auf das membranlose System getan haben, so sehen wir tatsächlich alle Membraneinflüsse oft genug in die Fehlerbreite der Methode hineinfallen. Arbeitet man also unter so ungünstigen Verhältnissen der Berechnungsmethode, so ist das Leitfähigkeitsverfahren in der Tat für unsere Zwecke kaum brauchbar. Begnügen wir uns aber, wie bereits weiter oben ausgeführt, mit einem Vergleich der Durchschnittswerte der Membrannarkose und der Lösungsnarkose, so gelangt man auch rechnerisch zu dem Ergebnis, daß die Anwesenheit einer Membran doch nicht ohne Einfluß auf die Leitfähigkeit des narkotisierten Systems ist. Ein Ergebnis, welches ja auch bereits aus dem Kurvenverlauf, wie oben ausgeführt, abgeleitet werden darf.

Es erscheint also bei aller Ungenauigkeit der Methode, einer Ungenauigkeit im übrigen, die auch die Messung der Salz- und Wasserpermeabilität nach Winterstein bei genauerer Betrachtung aufweisen dürfte, doch nicht aussichtslos, auch eine Beantwortung der zweiten Frage mit ihr zu versuchen. Diese zweite Frage sucht, wie eingangs erörtert, Aufschluß darüber, ob bei einer aus mindestens zwei verschiedenen Komponenten (z. B. Parenchym und Interstitialgewebe) zusammengesetzten Membran die Beteiligung einer jeden dieser beiden Komponenten an der „Membrannarkose", somit das gegenseitige

Verhältnis n^1) ihrer Beteiligung, ermittelt bzw. mit welchem Recht Ergebnisse an der Gesamtmembran auf eine dieser beiden Komponenten (hier das Parenchym) bezogen werden dürfen.

Bei besonders günstiger Sachlage kann ein Aufschluß über die Größe n einfach aus einem unmittelbaren Vergleich der Größen erhofft werden, welche sich einmal bei der Membrannarkose von vorwiegend parenchymatösen, ein andermal bei denjenigen von vorwiegend interstitiellen Geweben ergeben. Erfordernis hierfür ist aber, daß die zu vergleichenden Gewebsmembranen gleichen Querschnitt und gleiche Dicke aufweisen. Das ist nun schwer zu erreichen. Man müßte dazu stets gleichmäßig dicke Platten aus den beiden Gewebsarten herausschneiden können, und man müßte, was bei unserer Versuchsanordnung noch wesentlich mehr erschwert war, stets in einem und demselben Widerstandsgefäß messen, wobei nicht nur der Elektrodenabstand jedesmal der gleiche sein müßte, sondern vor allem der Querschnitt desjenigen Teils des Meßgefäßes, in welchem sich die Membran ausgespannt findet. Dies zu erreichen ist bei den benutzten Widerstandsgefäßen unmöglich, und dementsprechend besagen auch die Zahlen, die für die Ermittlung des Verhältnisses der spezifischen Leitfähigkeiten unserer Gewebsarten gewonnen wurden, nicht viel. Sie seien im folgenden zusammengestellt:

Aus einer größeren Zahl von Messungen der Leitfähigkeit eines unserer Meßröhrchen, mit Ringerlösung allein gefüllt, ergeben sich Widerstandswerte von 4500—4825 Ohm bei Temperaturänderung von 10—18°. Verschiedene Ligamenta patellaria, in verschiedenen Widerstandsgefäßen gemessen, ergaben Werte zwischen 4250 und 4860 Ohm. Der Widerstand dieser Gewebsart scheint also nicht groß zu sein. Muskelgewebe mit wenig Bindegewebe weist demgegenüber Widerstandswerte von 4020—8960 Ohm auf, Muskelgewebe mit viel Bindegewebe Werte von 3530—7050 Ohm. Vernachlässigt man die Variationsmöglichkeiten des Querschnitts unserer verschiedenen Meßgefäße, so kann man diese Schwankungen am einfachsten auf die verschiedene Dicke unserer Membranen beziehen. Dagegen kann nur vorgebracht werden, daß die Musculi transversi im allgemeinen ebenso wie die Ligamenta patellaria wesentlich dünner waren als die Membranen aus dem Musculus rectus, der Muskelart mit viel Bindegewebe.

---
[1]) Vgl. S. 6 ff.

Alles in allem läßt also die Betrachtung dieser Werte allein keine allzu weittragenden Schlüsse zu. Sie zeigt nur, daß der absolute Widerstand von Membranen unter den von uns gehandhabten Bedingungen, also bei wechselnder Dicke und bei wechselndem Querschnitt, großen Schwankungen unterliegen kann.

Demnach müssen die Betrachtungen sich hauptsächlich auf die Ergebnisse der Narkose dieser Membranen richten. Betrachten wir die graphische Übersicht in Abb. 24, welche die Prozentualwerte der maximalen Membrannarkose für die verschiedenen Membrangebilde nebeneinander stellt, so zeigt sich, daß die Ergebnisse wenig Gleichmäßigkeit erkennen lassen, daß der Membraneinfluß auf die Leitfähigkeitsverminderung des Gesamtsystems bei Anwesenheit der verschiedenen Narkotica ein sehr verschiedener, manchmal ein kaum mit Sicherheit feststellbarer, manchmal ein recht hoher, bis zu 12%, sein kann. Im einzelnen wird man also nicht viel Aufschluß erwarten können. In dem Gesamtüberblick über diese zusammengefaßten Resultate wird aber eines sehr augenfällig: Irgendein eindeutiger Unterschied zwischen bindegewebsreichen und parenchymreichen Membranen läßt sich nirgends feststellen. Bald tritt der Einfluß an der einen, bald an der anderen Gewebsart besonders stark hervor. Will man hieraus Schlüsse auf die Größe von n ziehen, so läßt sich der Wert von n kaum anders als mit der Zahl 1 definieren. Das heißt mit andern Worten, bindegewebsreiche und parenchymreiche Organe werden, wenn man sie in ihrer Gesamtheit als Membran benutzt und dem Einfluß eines Narkoticums aussetzt, von den Ergebnissen der Leitfähigkeitsveränderung aus betrachtet, wie dies ja sehr augenfällig auch schon ein Vergleich der Narkosezacken unserer verschiedenen einzelnen Kurven dartut, nicht in merklich unterschiedlicher Weise beeinflußt. Das würde zu dem Ergebnis führen, daß ein Narkoticum die Permeabilitätsverhältnisse grundsätzlich in gleicher Weise beeinflußt, einerlei ob es auf Interstitien oder auf Zellen einwirkt, und das wäre in gewissem Sinne eine Bestätigung der Vorstellung, die man sich aus mancherlei Ergebnissen der letzten Jahre zu machen hat. Schon ein Vergleich der Verteilung von Narkoticum auf solche Gebilde, an denen leicht funktionelle Narkoseveränderungen feststellbar sind, z. B. Gehirngewebe, und auf andere Gewebe, die keine funktionelle Veränderung durch die Narkose augenfällig werden lassen, hat dazu geführt, zu zeigen, daß quantitativ das Narkoticum sich auf alle diese Gewebsarten annähernd gleichmäßig verteilt. Und wenn von anderer Seite herkommend gezeigt worden ist, daß ein Narkoticum an allen möglichen biologischen und nichtbiologischen, einfachen und komplizierten Gebilden, vom metallischen Katalysator angefangen bis zur komplizierten Nervenzelle, einen Angriffspunkt findet, so bedeutet dies das gleiche. Man könnte allmählich zu der These von einem geradezu ubiquitären Angriffspunkt der Narkotica gelangen, wobei dann allerdings die Vorstellung von der hohen Adsorbierbarkeit der Narkotica das Gemeinsame aller dieser Angriffspunkte in adsorptionsfähigen Oberflächen zu suchen Anlaß wäre. Und dann würde der verschiedene Narkoseeffekt nicht in der verschiedenen quantitativen oder qualitativen Ausbildung dieser Angriffsflächen des Narkoticums zu suchen sein, sondern auf der physiologischen Seite des Narkosevorgangs, in dem verschiedenen Grad der funktionellen Empfindlichkeit des narkotisierten Gebildes, also in dem verschiedenen Grade, in welchem bei verschieden bedeutungsvollen und an verschieden wichtigem Posten stehenden physiologischen Gebilden sich ein im Grunde gleichartiger Einfluß äußern muß.

Alle diese Betrachtungen sind allerdings solange noch recht wenig verbindlich, als sie nur mit der von uns benutzten, recht begrenzt brauchbaren Methode der Leitfähigkeitsmessung erhoben worden sind. Sie bedürften noch der Bestätigung durch Heranziehung feinerer und zuverlässigerer Methoden.

Diese Betrachtungen entfernen sich aber auch bereits von der viel einfacheren und engeren Frage, die wir zur Grundlage und zum Ausgangspunkt unserer Versuche genommen haben. Und diese Frage läßt sich auf jeden Fall eindeutig beantworten: es muß als verfrüht bezeichnet werden, wenn man aus Beobachtungen an einem so komplizierten Objekt wie einer Gewebsmembran, also einem aus Parenchym und Interstitium gemischten Membrangebilde, Schlüsse auf Veränderungen zieht, die sich an der einen Komponente desselben, dem Parenchym, abspielen. Genau wie unsere Versuche führen daher diejenigen Wintersteins wohl zu dem sehr interessanten Ergebnis, daß auch derartige Gewebsmembranen, ebenso wie die Lipoidmembranen Loewes, in ihrer Permeabilität durch die Anwesenheit von Narkoticis in physiologischen Konzentrationen eindeutig beeinträchtigt werden. Das gilt nach Wintersteins Versuchen von der Salz- und noch mehr von der Wasserpermeabilität, nach unseren Versuchen von der Ionenpermeabilität oder, wofern die Leitfähigkeitsmethode in ihrer Deutung durch die Gildemeisterschen Untersuchungen eine grundsätzliche Revision erfahren muß, im umgekehrten Sinne von der Polarisierbarkeit. Aber ob es sich bei allen diesen Befunden um eine Veränderung handelt, die in ganz unspezifischer Weise alle Gebilde von Membrancharakter, im speziellen alle biologischen Membranen betrifft, oder um eine solche Veränderung, die sich wirklich nur abspielt an den für die generellste Lebensfunktion wichtigen Membranen, also den Membrangebilden innerhalb der Zellstruktur, das bleibt bei allen derartigen Messungen, bei denen nicht ausschließlich die von der eigentlichen Fragestellung ins Auge gefaßte Zellmembran allein geprüft wird, nach wie vor offen.

Literatur.

[1] Loewe, Membran und Narkose. Diese Zeitschr. **57**. 1913. — [2] Bernstein, Elektrobiologie. Braunschweig 1912. — [3] Lepeschkin, Zur Kenntnis der chemischen Zusammensetzung der Plasmamembran. Ber. d. dtsch. bot. Gesellsch. **29**. 1911. — [4] Lepeschkin, Über die Einwirkung anästhesierender Stoffe auf die osmotischen Eigenschaften der Plasmamembran. Ber. d. dtsch. botan. Gesellsch. **29**. 1911. — [5] Joël, Über die Einwirkung einiger indifferenter Narkotica auf die Permeabilität roter Blutkörperchen. Arch. f. d. ges. Physiol. **161**. 1915. — [6] Mac Clendon, The action of anaesthetics in preventing increase of cell permeability. Amer. journ. of physiol. **38**. 1915. — [7] Winterstein, Osmotische und kolloide Eigenschaften des Muskels, und Narkose und Permeabilität. Diese Zeitschr. **75**. 1916. — [8] Winterstein, Die Narkose. Berlin 1919. — [9] Gildemeister, Elektrischer Widerstand, Kapazität und Polarisation der Haut. Arch. f. d. ges. Physiol. **171**. 1919. — [10] Verworn, Die Narkose. Jena 1912. — [11] Traube, Über die Theorie der Narkose. Arch. f. d. ges. Physiol. **171**. 1919.

— 27 —

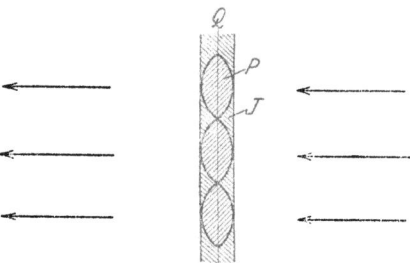

Abb. 1. P = Parenchym, z. B. Muskelfasern, Q = Querschnitt, J = Interstitium z. B. Bindegewebe.

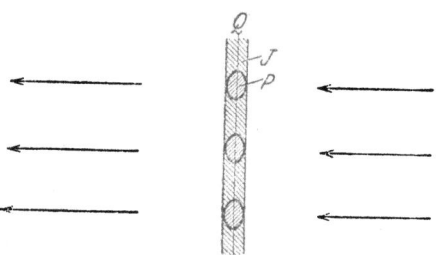

Abb. 2. P = Parenchym, Q = Querschnitt, J = Interstitium.

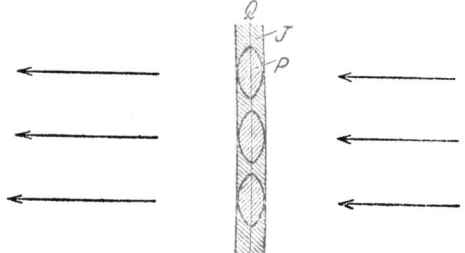

Abb. 3. P = Parenchym, Q = Querschnitt, J = Interstitium.

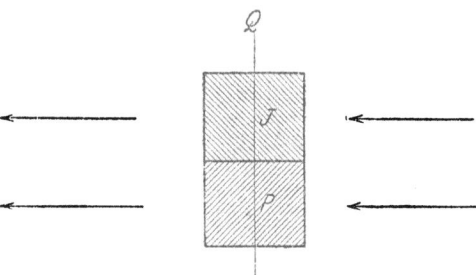

Abb. 4. P = Parenchym, J = Interstitium, Q = Querschnitt.

— 28 —

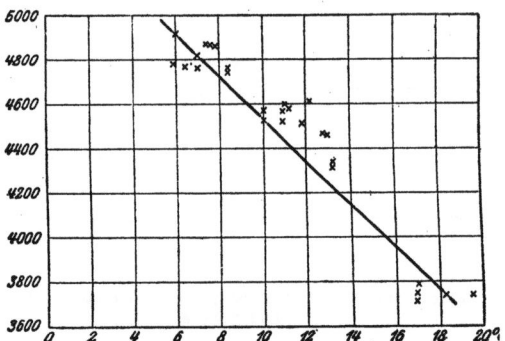

Abb. 5. Temperaturkurve der Ringerlösung.

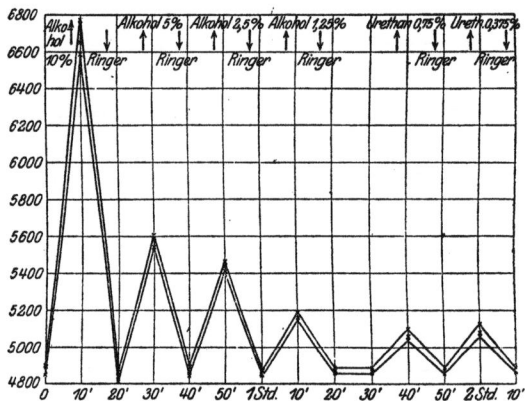

Abb. 6. Leerwiderstände. Temp. 7,8° C.

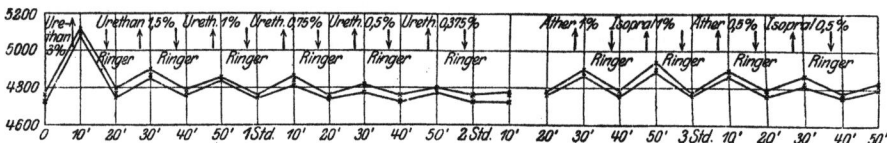

Temp. 5,0° C. Abb. 7. Leerwiderstände. Temp. 5,9° C.

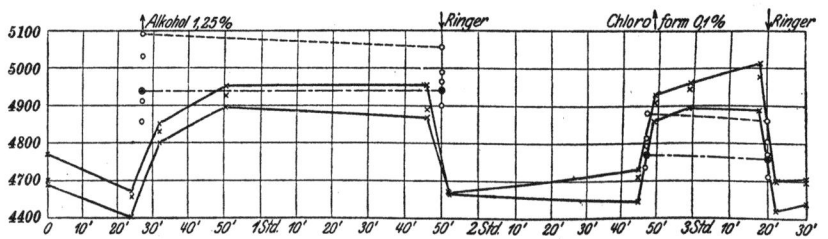

Abb. 8. Ligamentum patellae. Temp. 12,2° C.

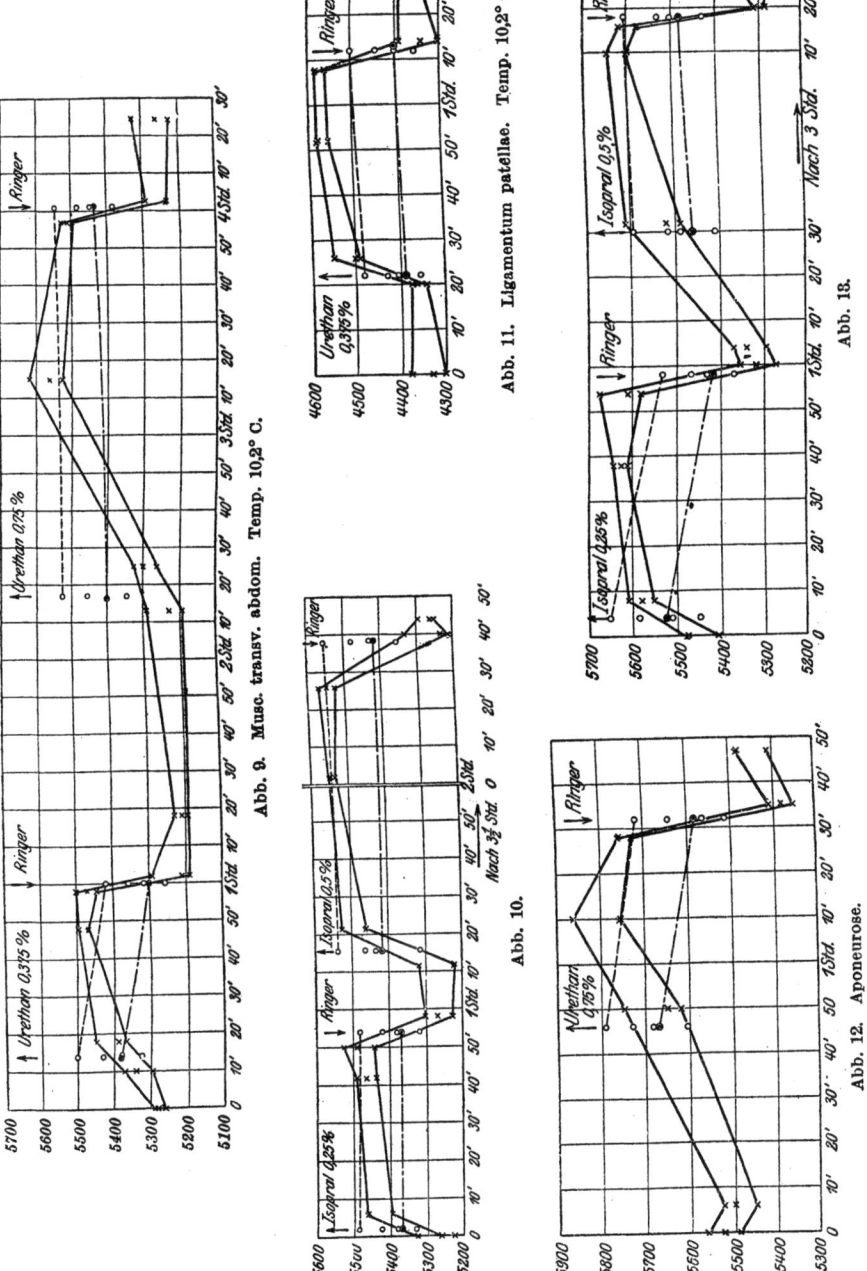

Abb. 9. Musc. transv. abdom. Temp. 10,2° C.

Abb. 10.

Abb. 11. Ligamentum patellae. Temp. 10,2° C.

Abb. 12. Aponeurose.

Abb. 18.

— 30 —

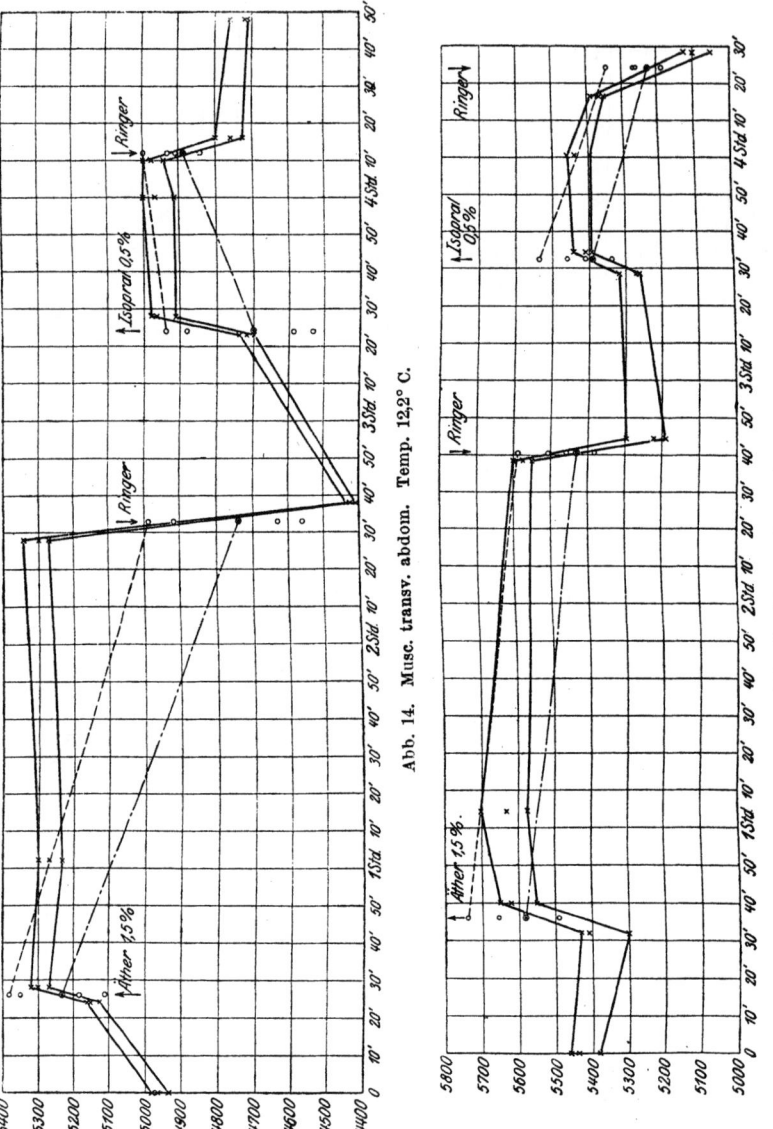

Abb. 14. Musc. transv. abdom. Temp. 12,2° C.

Abb. 15. Musc. rectus abdom.

— 31 —

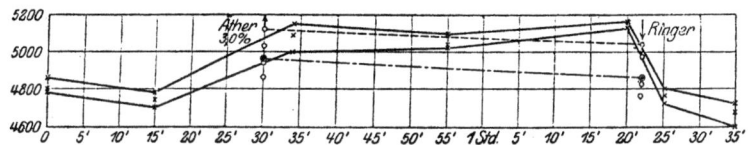

Abb. 16. Ligamentum patellae. Temp. 12,5°.

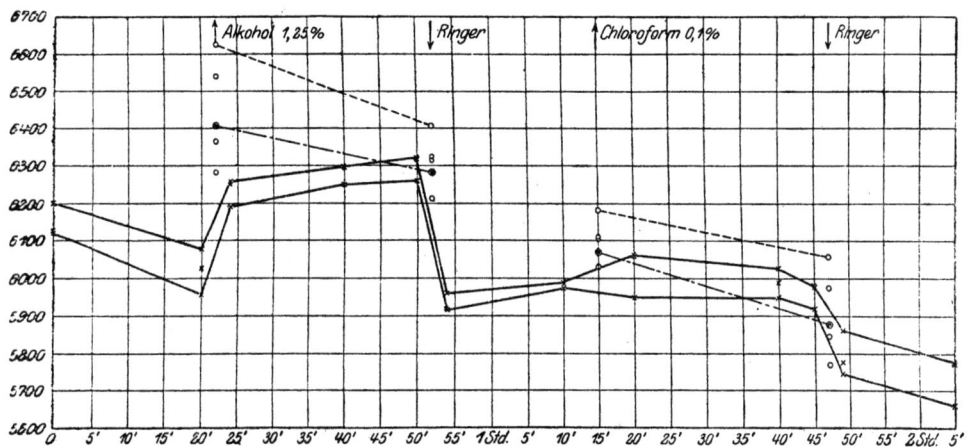

Abb. 17. Musc. transv. abdom. Temp. 12,2° C.

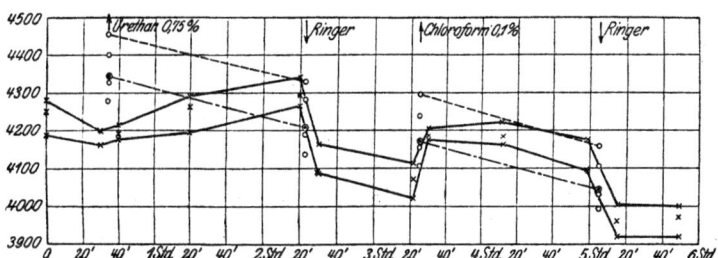

Abb. 18. Musc. rectus abdom. Temp. 17,0° C.

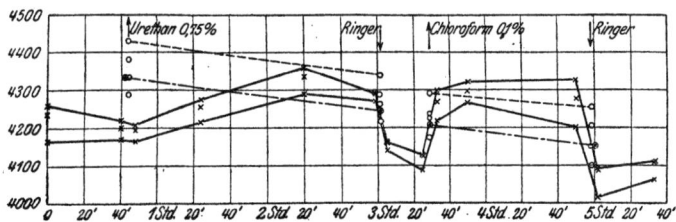

Abb. 19. Musc. transv. abdom. Temp. 17,0° C.

— 32 —

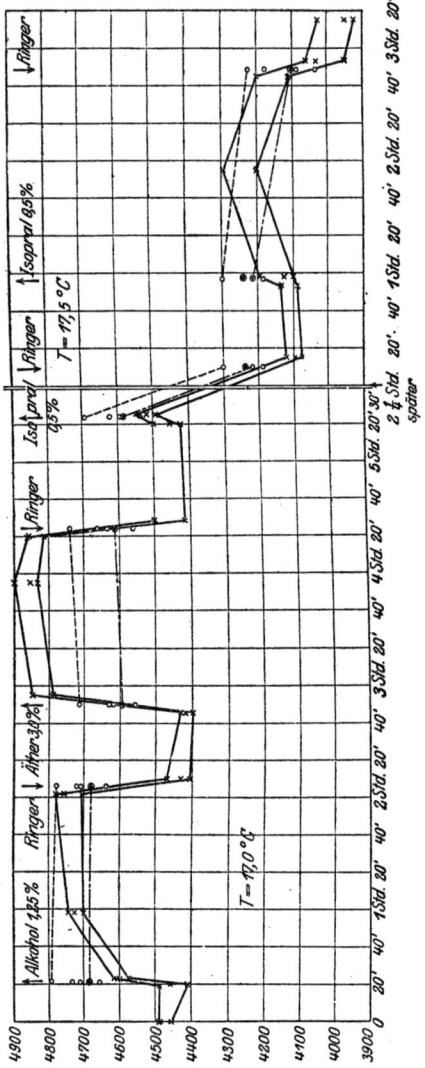

Abb. 20. Musc. rectus abdom. Temp. 17,0° C.

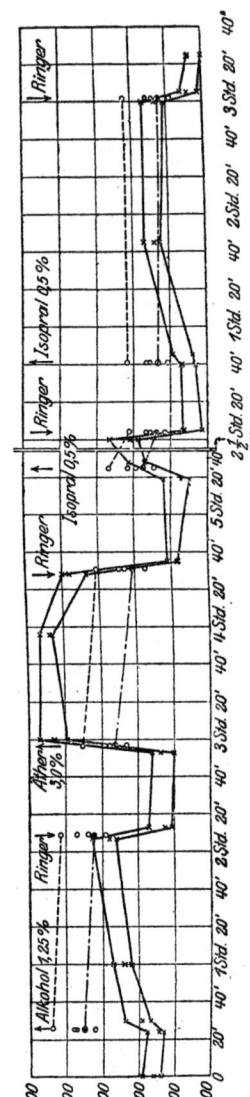

Abb. 21. Musc. transv. abdom. Temp. 17,0° C.

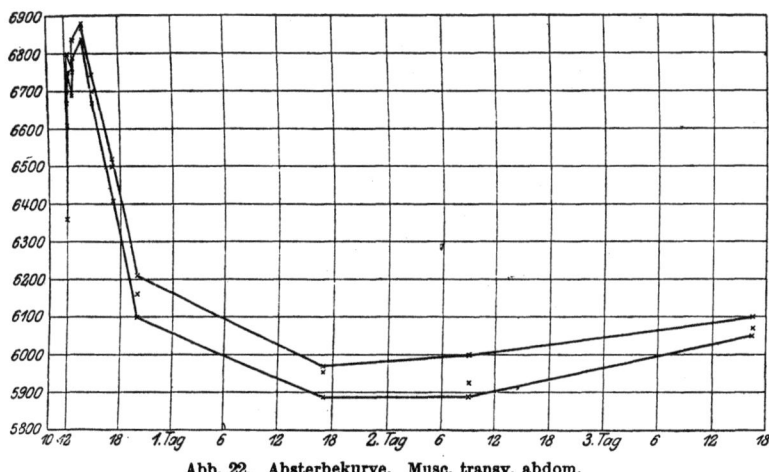
Abb. 22. Absterbekurve. Musc. transv. abdom.

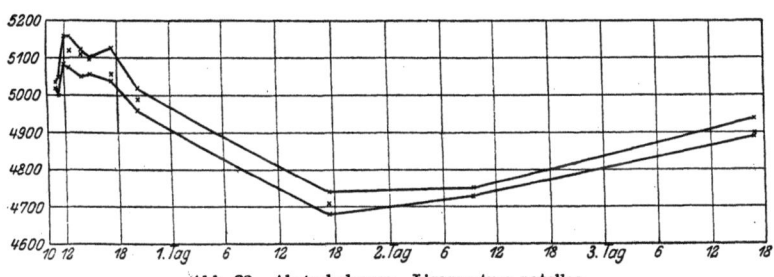
Abb. 23. Absterbekurve. Ligamentum patellae.

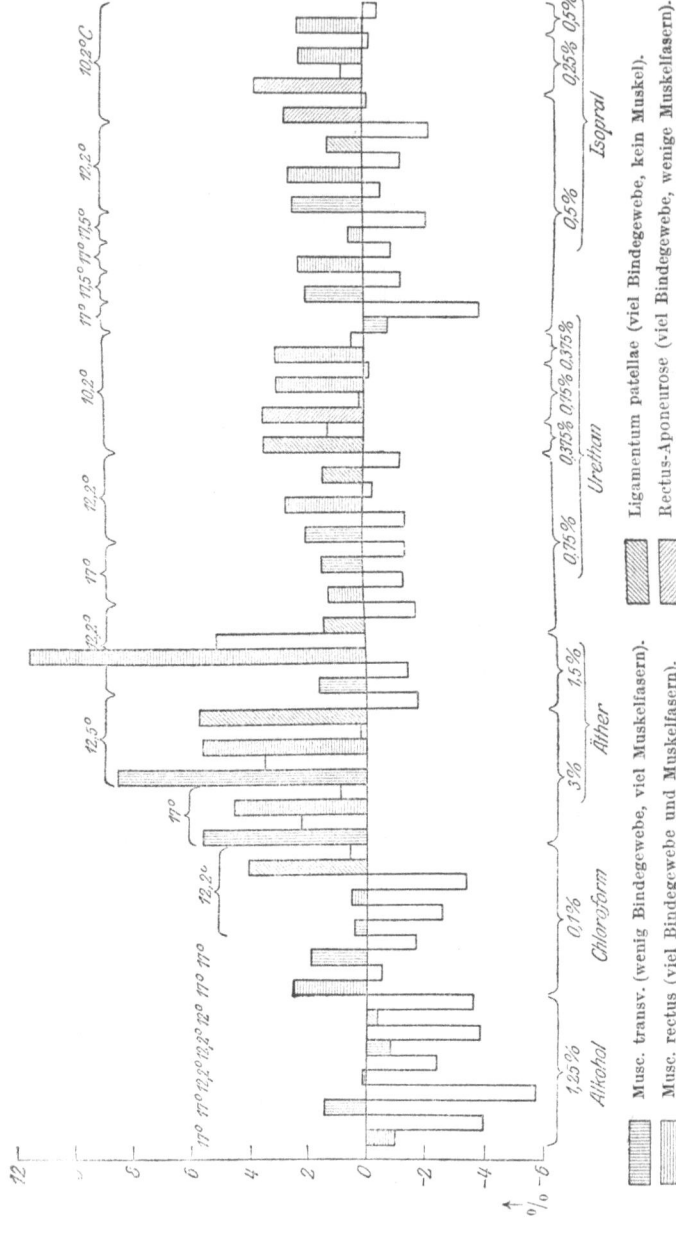

Abb. 24. Zusammenfassung der Meßresultate von Membrannarkosen.

Lebenslauf.

Am 17. September 1896 wurde ich in Krotoschin (Provinz Posen) als Sohn des Regierungs- und Geheimen Baurats Rudolf Schulze geboren. Im März 1914 bestand ich die Reifeprüfung am Friedrichsgymnasium in Kassel, im August 1917 die ärztliche Vorprüfung in Marburg, im Herbst 1919 die ärztliche Staatsprüfung in Göttingen. Danach arbeitete ich als Medizinalpraktikant im Pharmakologischen Institut der Universität Göttingen.

MIX
Papier aus verantwortungsvollen Quellen
Paper from responsible sources
FSC® C105338

If you have any concerns about our products,
you can contact us on
ProductSafety@springernature.com

In case Publisher is established outside the EU,
the EU authorized representative is:
**Springer Nature Customer Service Center GmbH
Europaplatz 3, 69115 Heidelberg, Germany**

Printed by Libri Plureos GmbH
in Hamburg, Germany